Ein Gipfel ist stets ein lohnendes Ziel. Wer jedoch Angst davor hat, ihn zu erklimmen, wird niemals das atemberaubende Panorama genießen können, das auf ihn wartet. Nimm deshalb deine Angst an und betrachte sie als Gelegenheit, daran zu wachsen!

Deine Reise auf den Gipfel und gegen die Höhenangst beginnt hier und jetzt!

Unser Selbsthilfehandbuch kann dein treuer Begleiter sein und dich mit allem versorgen, was du brauchst, um deine Höhenangst zu überwinden. Schritt für Schritt, wie beim Weg auf einen Gipfel, kannst du deine Höhenangst bewältigen. Du wärst nicht die erste Person, die es mithilfe von Selbsthilfe schafft!

Ein Buch von:

Wir geben Tipps zur Selbsthilfe, wenn deine Angst einen Arztbesuch nicht ermöglicht.

tredition

Hält dich die Höhenangst im Alltag schon viel zu lange zurück? Möchtest du endlich diese Blockaden durchbrechen?
Unser Buch könnte dir dabei helfen!

Es erklärt dir die Ursachen deiner Akrophobie und bietet dir effektive Strategien zur Überwindung deiner Höhenangst.

Unser Buch verdeutlicht zudem den Schaden, den ein fortgesetztes Vermeidungsverhalten anrichten kann. Doch durch Konfrontation könntest du es schaffen, deine Höhenangst Schritt für Schritt zu überwinden!

Du erhältst eine umfassende theoretische Grundlage, praktische Tipps für Angstsituationen und erprobte Selbsthilfemethoden. Dieses Buch ist ideal, wenn du keine professionelle Therapie in Anspruch nehmen möchtest, sondern selbst aktiv etwas dagegen unternehmen willst.

INHALT

EINLEITUNG

Du kannst die Glühbirne im Wohnzimmer nicht selbst austauschen, weil dir auf der ersten Sprosse der Leiter schon schwindlig wird? An eine Flugreise ist überhaupt gar nicht zu denken?

Auch die Wanderung auf dem Berg vor den Toren der Stadt musst du leider immer wieder auslassen, weil du schon **beim Gedanken an die Höhe weiche Knie** bekommst? Dann bist du auf jeden Fall nicht allein.

Denn: Welche Listen man sich auch immer raussucht, unter den **häufigsten Phobien** der Deutschen ist sie auf jeden Fall ganz weit vorne zu finden: Die Höhenangst. In so gut wie jedem Ranking nimmt sie einen Podestplatz ein.

Wir wissen, wie unglaublich **anstrengend, nervig und einschränkend** die Höhenangst im Alltag sein kann. Deshalb wollen wir dir helfen, diese spezielle Phobie zu überwinden und einen Schlussstrich unter deine panischen Tage zu ziehen.

Du findest in diesem Buch einige **Tipps zur Selbsthilfe gegen Höhenangst**, die sich in der Praxis ganz einfach umsetzen lassen und dabei eine **hohe Erfolgswahrscheinlichkeit** mitbringen.

Wir versorgen dich mit:

- Einem Fahrplan, um deine Höhenangst besser kennenzulernen und besser zu verstehen
- Entspannungstechniken und Atemübungen gegen Höhenangst
- Gleichgewichtsübungen gegen Höhenangst
- Infos rund um eine Konfrontationstherapie gegen Höhenangst und einen Beispielablauf als Anregung
- Fünf Verhaltenstipps für den Notfall

Bevor wir uns aber um die konkreten Ratschläge kümmern können, ist es wichtig, **unseren Kontrahenten besser kennenzulernen**. Wir liefern in diesem Buch deshalb auch Antworten zu klassischen Fragen wie „Was ist Höhenangst eigentlich?" „Welche Ursachen tragen zur Entstehung von Höhenangst bei?" oder „Wie lässt sich Höhenangst behandeln?".

Wir helfen dir mit diesem Buch dabei, das Ziel eines **selbstbestimmten und weitestgehend angstfreien Lebens** zu erreichen. Auf dass die Tage der Höhenangst bald der Vergangenheit angehören mögen!

DEFINITION: WAS IST HÖHENANGST?

„Ich kann das nicht, ich hab' Höhenangst!" Ein Satz, der wohl jedem von uns schon einmal über die Lippen gekommen ist. (Warum sonst würdest du dieses Buch in Händen halten?) Zumindest in unserem Umfeld gehört haben wir ihn sicher schon. Wie das mit derartigen Sätzen aber nun mal so ist, sind sie schnell dahingesagt. Tatsächlich trifft die Aussage in überraschend wenigen Fällen zu. Denn: **Höhenangst ist nicht gleich Höhenangst.** Oder besser ausgedrückt: Es gibt wichtige **Unterschiede zwischen Höhenangst und Höhenschwindel.**

Bevor wir uns in einem Unterkapitel um diese Varianzen kümmern, möchten wir uns zunächst mit der **Definition der klassischen Höhenangst** auseinandersetzen. Was genau versteht man eigentlich unter Höhenangst?

Wie so oft im Bereich der Phobien und Ängste sind auch in diesem Fall Griechischkenntnisse von Vorteil. In Fachkreisen ist die

Höhenangst nämlich als **„Akrophobie"** bekannt. Das griechische Wort **„ákros"** bedeutet so viel wie **Spitze, Gipfel** oder **Höhe.** Der zweite Wortteil „Phobie" leitet sich ebenfalls aus dem Griechischen ab. Und zwar von „phobos", was übersetzt so viel wie Angst oder Furcht bedeutet. (Andere Fachbegriffe für Höhenangst sind **Altophobie** und **Hypsophobie.**)

Unter einer Höhenangst versteht man nun also **jene Angst, welche durch den Aufenthalt in (großen) Höhen ausgelöst wird**. Sie zählt zu den spezifischen (isolierten) Phobien bzw. gilt als **anerkannte Angststörung**.

Akropolis = Oberstadt

Etwas potenzielle Munition für den nächsten Quizabend: Die weltberühmte **Akropolis von Athen** ist in Wahrheit nur **eine von vielen Akropolen**. Im ursprünglichen Sinn bezeichnet der Begriff nämlich einen zu einer antiken griechischen Stadt gehörenden **Burgberg** bzw. jene **Wehranlage**, welche sich auf der höchsten Erhebung in der Nähe der Stadt befindet. Wortwörtlich übersetzt ist eine Akropolis also nichts anderes als eine **Oberstadt/Gipfelstadt/Höhenstadt**.

Charakteristisch für die Höhenangst sind **starke körperliche Reaktionen,** wenn sich Betroffene entweder tatsächlich in (großen) Höhen aufhalten oder sich gedanklich damit auseinandersetzen müssen.

In beiden Fällen besteht **objektiv keine tatsächliche Gefahr**, die auftretenden Symptome sind dennoch enorm und bringen Phobiker oftmals an ihre psychischen Grenzen (oder sogar darüber hinaus).

Aber warum haben wir Menschen überhaupt Probleme mit der Höhe? Welche physischen Dynamiken stecken hinter den unangenehmen Gefühlen?

In der konkreten Situation **muss unser Gehirn widersprüchliche Informationen verarbeiten.** Einerseits stehen wir auf **festem Untergrund** und bräuchten dementsprechend keine Angst zu haben. Gleichzeitig **fehlt uns in luftigen Höhen oftmals ein Fokuspunkt,** an dem wir uns „festhalten" können.

Die Augen suchen vergeblich nach einem Fixpunkt in der Umgebung. Da sie diesen nicht finden, wird uns **schwindlig.** Das ist allerdings ein ganz **normaler körperlicher Vorgang.** Mit einer Akrophobie hat das noch nichts zu tun.

Wie sich die Höhenangst und der sogenannte Höhenschwindel unterscheiden, sehen wir uns im nächsten Absatz etwas genauer an.

HÖHENANGST VS. HÖHENSCHWINDEL
(EINE WICHTIGE UNTERSCHEIDUNG)

Wie weiter vorne bereits angemerkt, wird der Begriff „Höhenangst" etwas inflationär verwendet. Soll heißen: Auch Menschen, die gar nicht unter einer echten Akrophobie leiden, sondern in (großen) Höhen lediglich ein gewisses Unwohlsein verspüren, sprechen meistens von Höhenangst. Damit gehen allerdings zwei Probleme einher. Erstens: Sie leiden gar nicht an dieser spezifischen Angststörung und benötigen entsprechend auch keine therapeutische Behandlung.

Zweitens: Zwar ist es mit Sicherheit keine Absicht, durch die fälschliche Verwendung des Begriffs „Höhenangst" erfolgt aber eine **gewisse Delegitimierung der tatsächlich Betroffenen und ihrer Gefühle**. Frei nach dem Motto: „Ach, so schlimm kann das doch nicht sein. Stell dich nicht so an! Mir wird in der Höhe auch immer ein wenig schwindlig."

Der Unterschied zwischen Höhenangst und Höhenschwindel in wenigen Sätzen:

- **Höhenangst:** Die übertriebene und übermäßige Reaktion auf (große) Höhen. Die typischen Symptome treten – manchmal stärker, manchmal schwächer – innerhalb weniger Sekunden auf. Die Situationen, in denen sich die Höhenangst bemerkbar macht, sind dabei objektiv gesehen absolut ungefährlich. Andere Menschen verspüren in vergleichbaren Settings keinerlei Probleme.

- **Höhenschwindel:** Im Gegensatz zur Höhenangst haben wir es hier mit einer ganz normalen und quasi „gesunden" körperlichen Reaktion auf Höhensituationen zu tun, die uns vorsichtiger werden lässt. Eine Schutzfunktion, die unsere physische Unversehrtheit und folglich unser Überleben sichern soll.

Vereinfacht gesagt **mahnt uns Höhenschwindel zur Vorsicht**, wenn wir uns in potenziell gefährlichen Situationen befinden, die mit (großer) Höhe zu tun haben. Eine evolutionär bedingte Dynamik, die für das Überleben der Spezies sorgen soll.

Wir verspüren in derartigen Situationen zwar ein gewisses Unwohlsein und sind im Allgemeinen aufmerksamer. Von den Symptomen einer tatsächlichen Akrophobie ist der Höhenschwindel allerdings weit entfernt.

Wer unter **„echter" Höhenangst** leidet, funktioniert nicht mehr richtig. Betroffene durchleiden verschiedenste Stadien der Phobie. Wie sich die Probleme genau bemerkbar machen, sehen wir uns im nächsten Abschnitt etwas näher an.

TYPISCHE SYMPTOME VON HÖHENANGST

Bei der Akrophobie handelt es sich wie erwähnt um eine **anerkannte Angststörung**. Entsprechend klassisch sind die auftretenden Symptome.

Zu den häufigsten Anzeichen zählen folgende körperliche Reaktionen:

- Atemnot
- Benommenheit
- Herzklopfen/Herzrasen
- Lähmungserscheinungen
- Schlafstörungen/Schlaflosigkeit
- Schweißausbrüche
- Schwindel
- Todesangst
- Versagende Stimme
- Weiche Knie
- Zittern

Die hier angeführte Liste erhebt natürlich **keinen Anspruch auf Vollständigkeit**, sondern soll lediglich einen **Überblick über die häufigsten Reaktionen** bieten. Da jeder Mensch allerdings anders reagiert, kann sich die Höhenangst von Fall zu Fall auf unterschiedliche Art und Weise bemerkbar machen. Von der Konfrontation mit Situation bis zum Eintreten der Symptome vergehen in der Regel **lediglich wenige Sekunden**. Dabei nehmen sie mit Fortdauer der beängstigenden Begebenheit zunächst zu.

„Call of the Void" – Der Ruf des Abgrunds

Viele unter Höhenangst leidende Menschen berichten immer wieder von einem äußerst seltsamen Gefühl, welches sie während Paniksituationen überkommt. Es sei dann so, als würde der Abgrund ihre Füße magisch anziehen. Irgendwas zieht und zerrt regelrecht an ihnen, will sie also **dazu verleiten, in die Tiefe zu springen**. Und das selbstverständlich völlig entgegen jeglicher Logik oder gegen den eigentlichen Willen des Betroffenen. Das Phänomen ist auch unter der Bezeichnung **„Call oft the Void"** bekannt – der **Ruf des Abgrunds**.

Studien haben gezeigt, dass es sich bei diesem Drang um eine **Fehlinterpretation unseres Gehirns** handelt. Realisieren wir, dass uns ein Sprung aus einer bestimmten Höhe töten könnte, bekommen wir Angst. Zugleich befinden wir uns auf einem sicheren Untergrund (z. B. Balkon). Mit dieser **Kombination aus Sicherheit, Höheninformation und Angst** kommt unser Gehirn kurzfristig nicht zurecht. Die Folge ist eine Falschinterpretation, aus der sich der Drang zu springen ergibt.

DAS PROBLEM MIT DER VERMEIDUNG

Wer sich nicht konfrontativ mit seiner Angst auseinandersetzt, der züchtet sich einen leider **treuen Begleiter** heran. Unbehandelte Phobien gehen nämlich nicht einfach von allein weg. Im Gegenteil: Sie werden mit der Zeit mächtiger.

Ganz egal, um welche Phobie oder welches Problem es geht: Viele Betroffene warten viel zu lange damit, konkrete Schritte gegen ihre Angst zu setzen und mit einer – wie auch immer gearteten – Therapie loszulegen.

Was sie stattdessen machen, kann als **Kultivierung der Vermeidung** bezeichnet werden. Dabei legen sie entsprechendes Vermeidungsverhalten an den Tag, das durchaus extreme Formen annehmen kann. (Keine Wanderausflüge, kein Arbeitsplatz über der dritten Etage, keine Flugreise etc.)

Dazu kommt, dass durch die fehlende Auseinandersetzung mit der Thematik sich die Phobie wie erwähnt **verfestigt**. Die Angst wird zu einem der dominierenden Faktoren im Alltag.

In Extremfällen können Betroffene nicht mal mehr alleine eine Glühbirne austauschen, weil sie es nicht schaffen, die zweite oder dritte Sprosse einer Leiter zu erklimmen. Die Phobie hat die Kontrolle übernommen. Und das nur, weil man sich ihr nicht rechtzeitig entgegengestellt und ihr die Stirn geboten hat.

Nicht jeder, der sich in luftigen Höhen unwohl fühlt, leidet an Höhenangst. Der Respekt vor derartigen Situationen ist im Grunde ein **Überlebensmechanismus**, der uns zu Vorsicht mahnt.

Wirkliche Höhenangst zählt zu den **anerkannten Angststörungen** und zeigt sich durch die **typischen Phobie-Symptome**.

Durch Vermeidung von angstauslösenden Situationen verschlimmert man die Situation in Wahrheit nur.

Der einzige Weg raus aus der Akrophobie ist die **Konfrontation**!

WIE ENTSTEHT HÖHENANGST?

Für das Entstehen von Phobien gibt es keinen allgemeingültigen „Fahrplan". So unterschiedlich wir Menschen sind, **so unterschiedlich sind auch unsere Geschichten**, unsere Prädispositionen und unsere Anfälligkeiten. Entsprechend ist es der Wissenschaft bis heute nicht gelungen, DIE Gründe für das Entstehen einer Höhenangst herauszuarbeiten. (Und so wird es wohl auf absehbare Zeit auch bleiben.)

Was allerdings sehr wohl existiert, sind **verschiedene Erklärungsansätze und Entstehungsmodelle** für das Auftreten von Phobien im Allgemeinen.

- **Traumatische Erlebnisse:** Eine der naheliegendsten Ursache bzw. einer jener Gründe, die für Außenstehende am ehesten nachzuvollziehen sind. Wer etwa schon einmal von einem Hund gebissen wurde, der entwickelt in viele Fällen eine panische Angst davor, dass das wieder passieren kann. Der Auslöser für eine Höhenangst könnte zum Beispiel der **Sturz von einer Leiter** sein oder ein **negatives Erlebnis beim Wandern.** Wer sich verirrt und in steilem Gelände nicht mehr vor oder zurück kann, entwickelt eine **negative Konnotation mit (großer) Höhe.** Die angeführten Beispiele sind dabei genau nur das: Beispiele. Für das Entstehen einer Höhenangst gibt es unterschiedlichste Auslöser – oft wirken die auf Außenstehende gar nicht dramatisch, haben für die Betroffenen selbst aber eine übermäßig große Relevanz.

- **Erlerntes Verhalten:** Der Mensch ist und bleibt ein soziales Wesen. Wir lernen durch die **Nachahmung unserer (unmittelbaren) Umgebung.** Dadurch übernehmen wir in manchen Fällen allerdings auch Verhaltensweisen, die nicht unbedingt vorteilhaft sind – und ebenso wenig rational. Lernt ein Kind in seinen ersten Jahren von elterlicher Seite, dass man sich vor großen Höhen zu fürchten hat, **übernimmt es diese Angst.** Dabei muss die Thematik nicht einmal dezidiert angesprochen werden. Es reicht das **schlichte Ausleben der Phobie.** Was das Kind sieht oder aus nächster Näher erlebt, nimmt es als eigene Verhaltensweise an.

- **Veranlagung:** Tatsächlich existiert eine Art **genetischer Prädisposition,** die manche Menschen **sensibler auf gewisse Reize reagieren** lässt als andere. Immer wieder finden unterschiedlichste wissenschaftliche Studien entsprechende Vorbedingungen für die Ausbildung einer Phobie.

- **Aber Achtung**: Das heißt nicht, dass bei dir automatisch eine Panikstörung ausbrechen wird, nur weil du bestimmte Erbinformationen in dir trägst. Du hast es lediglich mit einer höheren Neigung zu tun. Ob und wie sich diese in deinem Alltag bemerkbar macht, steht nicht fest. Die konkrete Ausformung liegt zu einem riesengroßen Teil in deinen eigenen Händen.

- **Externe Faktoren:** Ein Sammelbegriff, unter den besonders Dinge mit einem hohen Stressfaktor fallen. Die erst Phase der 2020er-Jahre war für den überwiegenden Großteil der Bevölkerung alles andere als einfach. **Alltagsstress** hat zugenommen, wir rutschen von einer Krise in die nächste, obwohl die erste Krise noch gar nicht überwunden ist. Das geht an die Substanz, unsere **Resilienz lässt immer weiter nach.** Dass sich dadurch **negative Auswirkungen auf unsere Psyche** ergeben (können!), kommt alles andere als überraschend. Ein Blick in die Therapiezentren und -zimmer der Republik genügen, um zu sehen, dass mehr Menschen mit psychischen Problemen zu kämpfen haben als noch vor fünf Jahren. Also ja, auch **Stress kann zum Entstehen von spezifischen Phobien** beitragen.

Wie eingangs bereits erwähnt: DIE typischen Gründe für das Aufkommen einer Höhenangst gibt es nicht. Meist ist es das **Zusammenspiel mehrerer Faktoren**, das zur Herausbildung einer Phobie führt. Das Wissen über mögliche Auslöser und die dahinterstehende Dynamik ist deshalb wichtig, weil es dabei hilft, die eigenen Verhaltens- und Denkweisen konkreter einschätzen zu können.

Wer sich im Vorfeld **auf theoretischer Ebene** eingehender mit seiner Höhenangst beschäftigt, der lernt, sie besser zu verstehen und damit ebenso besser behandeln zu können. Know your enemy!

Wie bei allen anderen Phobien ist es auch im Fall der Höhenagst so, dass sich **kein klassischer und isolierter Auslöser** identifizieren lässt. Vielmehr ist es ein **Zusammenspiel unterschiedlichster Faktoren.**

Wer seine Angst kennenlernt, lernt auch sich besser kennen und kann zielgerichteter gegen seine Phobien vorzugehen.

Es liegt an dir, **den ersten Schritt zu machen** und die Vergangenheit zumindest ein wenig aufzuarbeiten. Dieses Buch soll dir die notwendige Motivation und den notwendigen Mut liefern!

BEHANDLUNG

Die Akrophobie zählt, wie schon an mehreren Stellen erwähnt, zu den am weitesten verbreiteten „typischen" Phobien in Deutschland. Entsprechend klassisch sehen auch die **Behandlungsansätze** aus. Zwar tragen diese nicht direkt etwas zur Selbsthilfe bei, anführen wollen wir sie an dieser Stelle dennoch. Und das aus zwei Gründen:

Erstens: Um ein besseres Verständnis für die Ursachen und die Hintergründe hinter der Höhenangst im Allgemeinen bzw. seinen persönlichen Verhaltensweisen im Speziellen zu erlangen, **ist es nie verkehrt, so viel Informationen wie möglich einzuholen.** Nur wer weiß, womit er es zu tun hat, kann wirkungsvolle Maßnahmen dagegen ergreifen. Dazu gehört auch, zu wissen, was der nächste Schritt sein könnte, falls die Selbsthilfe-Ansätze keine Erleichterung bringen sollten. (So weit sind wir aber noch nicht!)

Zweitens: Über professionelle Therapien Bescheid zu wissen, sorgt für ein gewisses **Gefühl der Sicherheit.** Durch das Wissen um erprobte und sehr häufig erfolgreiche therapeutische Ansätze **nimmt man Druck von sich selbst.** Im Idealfall bringt der Selbsthilfe-Ansatz die gewünschten Ergebnisse und somit ein großes Stück Lebensqualität zurück in den Alltag Betroffener. Findet man allerdings nicht den für sich passenden Weg, dann ist das kein Weltuntergang, denn: Es gibt immer noch die Möglichkeit, sich einem Spezialisten anzuvertrauen. Der weiß, was zu tun ist.

PSYCHOTHERAPIE

Der erfolgversprechendste Ansatz zur Behandlung einer Akrophobie ist und bleibt die **Psychotherapie**. Die Höhenangst bildet hier keine Ausnahme zu anderen spezifischen Phobien. Laut Experten bringt eine **kognitive Verhaltenstherapie**, kombiniert mit einer **Expositionstherapie** die besten Chancen. Werfen wir also einen genaueren Blick auf diese beiden Ansätze.

Kognitive Verhaltenstherapie (KVT) bei Höhenangst:

Hierbei handelt es sich um einen sogenannten „problemorientierten" Ansatz. **Im Zentrum steht ein konkretes Problem**, welches Betroffenen aktuell Sorgen bereitet bzw. das Leben schwer macht. Ziel der KVT ist es, **so schnell wie möglich eine ebenso konkrete Lösung zu finden**. Zum Vergleich: Die **Psychoanalyse beschäftigt sich mehr mit der Vergangenheit** und den zugrunde liegenden Mechanismen.

Die wichtigsten Punkte im Überblick:

- Zentral für eine kognitive Verhaltenstherapie ist die Ansicht, dass **menschliches Verhalten angelernt ist** (Theorie des Behaviorismus). Das heißt auf der anderen Seite aber auch, dass es **verlernt/verändert/neu** erlernt werden kann. Ziel ist es, schädliche Verhaltensweisen und Denkmuster aufzuspüren und sie gegen positive Ansätze auszutauschen.

- Im Zusammenhang mit Angststörungen arbeitet die kognitive Verhaltenstherapie mit **konkreten und beruhigenden Verhaltensweisen.** Der Betroffene soll die Möglichkeit bekommen, sich durch **bestimmte Übungen** (z. B. Atem- oder Konzentrationsübungen) mental weitestgehend **aus der belastenden Situation herauszunehmen.** Nicht der angstauslösende Reiz soll im Fokus stehen, sondern die eigene Atmung, der eigene Körper.

Üblicherweise wird das erste Gespräch einer KVT dazu genutzt, Probleme zu skizzieren, Wünsche zu äußern und Erwartungen zu formulieren. Darauf folgt die Festlegung konkreter Ziele – die sich im Lauf der Behandlung selbstverständlich anpassen lassen.

Nicht entmutigen lassen!

Manchmal kann es tatsächlich länger dauern, bis sich das passende Patienten-Therapeuten-Gespann gefunden hat. Sollte sich nach dem ersten Gespräch also kein gutes Gefühl einstellen, ist das kein Hinweis darauf, das mit Betroffenen etwas Grundlegendes nicht stimmt. Wie so oft im Leben „passt es halt einfach nicht". Also auf zum nächsten Therapeuten.

Kognitive Verhaltenstherapie kann ohne Weiteres als „Hilfe zur Selbsthilfe" beschrieben werden, passt so gesehen also wunderbar zu unserem Buch. Und – das können wir an dieser Stelle schon vorwegnehmen – genau in diese Richtung werden wir uns auch mit unseren praktischen Tipps orientieren. Dazu aber später mehr. Zunächst sehen wir uns noch die Konfrontationstherapie etwas näher an.

Konfrontationstherapie bei Höhenangst:

Wie der Name schon vermuten lässt, geht man im Rahmen dieser Behandlung auf **Konfrontation mit seiner Angst**. **Arachnophobiker** bekommen es mit **Spinnen** zu tun, **Klaustrophobiker** mit **beengten räumlichen Verhältnissen** und Akrophobiker mit Höhen.

Die **Konfrontation läuft natürlich unter strenger Aufsicht bzw. nach zuvor klar definierten Regeln ab**. Der Therapeut überfordert seinen Patienten nicht, sondern will ihn Schritt für Schritt an eine neue Lebensrealität heranführen. Dazu ist es nötig, jahrelang eintrainierte Verhaltensweisen und festgefressene Denkansätze zu brechen.

Und das funktioniert am besten über die **gesteuerte Konfrontation**. Diese spezifische Therapie gilt heute als eine der effektivsten Varianten der Behandlung von Angststörungen. Viele Anbieter haben mittlerweile eine **virtuelle Option** im Angebot. Betroffene müssen sich also gar nicht mehr tatsächlich realer Höhe aussetzen, um den gewünschten Effekt zu erzielen. Ein Spaziergang in der Virtual Reality ist oftmals ausreichend.

Unserem Gehirn und somit unserer Phobie ist es in Wahrheit nämlich in egal, ob wir in einen tatsächlichen oder nur in einen künstlichen Abgrund blicken. (Wir setzen uns im Laufe des Buches noch näher mit der VR-Therapie auseinander.)

Auch hier gilt: Eine **Konfrontationstherapie kannst du selbst in die Hand nehmen**. Du weißt am besten, welche Herausforderung du dir gerade noch zutrauen kannst und was eindeutig zu weit geht. Also wieder „Hilfe zur Selbsthilfe".

MEDIKAMENTÖSE THERAPIE

Der allerletzte Ausweg. Hilft die Kombi aus kognitiver Verhaltenstherapie und Konfrontationstherapie wirklich nicht weiter, gibt es immer noch die Möglichkeit einer medikamentösen Therapie. **Spezifische Präparate für die Überwindung der Phobie existieren allerdings (bisher) nicht.** Der behandelnde Arzt wird für jeden einzelnen Fall eine konkrete Medikamentengabe festlegen. Als vielversprechend haben sich in der Vergangenheit immer wieder **Cortisol-Präparate** herausgestellt. Die **Stresshormone** tragen tatsächlich zu einer markanten Linderung der typischen Symptome bei und bringen dadurch **Erleichterung und Entspannung**.

Manche Anbieter haben mittlerweile übrigens auch die **Hypnosetherapie** in ihr Arsenal an Ansätzen zur Behandlung von Akrophobie aufgenommen. Die bisher damit erreichten Ergebnisse sind durchaus ermutigend.

Selbstmedikation? Schlechte Idee!

In Zusammenhang mit der Behandlung von Phobien ist eine Sache ganz wichtig: **Setze keinesfalls auf Selbstmedikation!** Die Entscheidung für oder gegen ein Präparat muss IMMER von einem Experten gefällt werden. Idealerweise finden Arzt und Patient in einem längeren Gespräch gemeinsam das passende Präparat, das endgültige OK darf dennoch nur von einem Mediziner kommen!

Da die Höhenangst zu den häufigsten Phobien in Deutschland zählt, ist sie auch dementsprechend **umfassend erforscht**. Weiters heißt das, dass es gute und vielversprechende Behandlungsansätze gibt, die in der Realität immer wieder erfolgreich eingesetzt wurden. An diesen Ansätzen orientieren wir uns mit unseren Tipps.

Sollte die Angst aber bereits so tief sitzen, dass die Hilfe zur Selbsthilfe nicht mehr greift und nicht mehr die gewünschten Ergebnisse bringt, ist das immer noch kein Grund, zu verzagen. Die **professionelle Psychotherapie hat bei der Behandlung von Höhenangst eine ermutigende und hervorragende Bilanz.** Welchen Weg du auch immer gehen musst: Deine Chancen stehen hervorragend! Du schaffst das!

Der Status als eine der am weitesten verbreiteten Phobien bringt auch einen Vorteil mit: **Höhenangst lässt sich gut behandeln. Psychotherapeutische Methoden** sind in diesem Bereich gut erprobt, die Erfolgsbilanz ist entsprechend ermutigend.

Zudem gibt es **medikamentöse Ansätze** zur Linderung einer Akrophobie. Selbst Hypnosetherapien werden angewandt.

Die Höhenangst ist also **kein unüberwindbarer Endboss,** der für immer wie ein Schatten über deinem Leben hängen wird. Sie lässt sich gut behandeln. Dieses Buch ist der erste Schritt auf dem Weg heraus aus deiner Phobie!

SELBSTHILFE STRATEGIEN

Ehrlichkeit. Das ist die Grundlage für erfolgreiche Selbsthilfe bei Höhenangst. Ehrlich sein zu sich selbst und zu den Freunden, die einem während der anstrengenden Reise zur Seite stehen. Nur so schafft man einerseits das **Fundament, auf dem die Selbsttherapie aufbauen** kann. Und andererseits ermöglicht man seinen Begleitern durch die umfassende Transparenz jederzeit im Blick zu haben, wo es vielleicht Probleme geben könnte und wo eventuell Stolperfallen verborgen liegen.

Gut Ding braucht Weile!

Ein ganz wichtiger Grundsatz noch, bevor es losgeht: Lass dir Zeit!

Eine Phobie, die sich über Jahre und teilweise sogar Jahrzehnte in dein Verhalten und in deine Gedanken eingebrannt hat, wirst du nicht einfach so innerhalb von drei Wochen wieder los. Du musst dranbleiben. **Völlig egal, welche Rückschläge du hinnehmen wirst müssen** – und das wirst du. Aber: Es zahlt sich aus! Denk nur an die unzähligen schönen Ausblicke und Panoramen, die du genießen wirst, wenn du dich einmal von deiner Akrophobie verabschiedet hast! Keine App und kein Filter dieser Welt können dieses Gefühl ersetzen. **Also: Dranbleiben!**

HÖHENANGST KENNENLERNEN

Im ersten Schritt solltest du dich, wie bereits erwähnt, **offen und ehrlich mit deiner Höhenangst auseinandersetzen**. Nur wenn ich weiß, mit welchem Gegner ich es zu tun habe, kann ich mich gut auf die Auseinandersetzung vorbereiten und einstellen. Wir empfehlen dafür ein **dreistufiges Vorgehen**.

1. **Die Höhenangst und ihre Kontrolle akzeptieren:** Du stehst heute (auch!) an diesem einen Punkt, an dem du eben stehst, weil du bisher nicht ehrlich zu dir warst. Du hast wahrscheinlich schon das eine oder andere Mal laut ausgesprochen, dass du Höhenangst hast und deshalb nicht an einer bestimmten Aktivität teilhaben kannst. Anschließend wurde das Wissen über die Existenz dieser Phobie aber meist rasch wieder beiseite gewischt. Es ist wichtig, die Akrophobie und die Kontrolle, die sie über dich ausübt, als Teil deines bisherigen Lebens anzuerkennen. Dadurch festigst du auch das Bewusstsein dafür, dass sich etwas ändern muss.

2. **Die Höhenangst analysieren:** Im Journalismus gibt es die sogenannten „W-Fragen", an denen sich ein guter Reporter orientieren sollte. Wie viele dieser Fragen existieren, darüber gibt es unterschiedliche Auffassungen. Grundsätzlich geht es aber immer um **das Wie, das Wo, das Wann, das Wer und das Warum.** Wie, wo und wann ist etwas passiert, das wer warum gemacht hat? Auf dieselbe Art und Weise solltest du dich deiner Höhenangst nähern.

- Wie macht sich die Akrophobie bei mir bemerkbar?
- Wo habe ich sie zum ersten Mal bemerkt?
- Wann habe ich sie zum ersten Mal bemerkt?
- Wer könnte beim Entstehen der Höhenangst eine Rolle gespielt haben? Hatte ich vielleicht ängstliche Rollmodels in meiner unmittelbaren persönlichen Umgebung?
- Warum hat sich die Höhenangst herausgebildet? Habe ich in der Vergangenheit eine schlimme Erfahrung gemacht?

Nicht immer lassen sich alle Fragen auch wirklich beantworten. In manchen Fällen erweitert sich der Katalog von selbst. Was wir dir hier liefern, ist lediglich eine Idee, ein Impuls. Grundsätzlich geht es darum, die **Höhenangst und ihr Entstehen zu erkunden.**

3. **Die Höhenangst überprüfen:** Phobien sind in der Regel nicht rational – und die Betroffenen wissen das. Dennoch ist es zu Beginn der „Selbsttherapie" trotzdem hilfreich, **sich wieder ins Bewusstsein zu rufen, wovor man eigentlich genau Angst hat** und **wie realistisch ein Eintreten dieses Szenario ist.** Flugzeugabsturz? Da ist die Wahrscheinlichkeit eines Lottogewinns höher. Hast du jene Situation eigentlich selbst erlebt, die dir so zu schaffen macht? Oder hast du nur jemanden darüber reden gehört bzw. irgendwo darüber gelesen? In unserem Kopf malen wir uns Dinge viel dramatischer aus, bei denen wir nicht selbst dabei waren. Überprüfe deine Akrophobie und deine individuellen Horrorszenarien auf **Plausibilität und Wahrscheinlichkeit.**

ENTSPANNUNGSTECHNIKEN

Wenn du deine Höhenangst überwinden möchtest, **musst du dich ihr stellen.** Wie du dabei am besten vorgehen solltest, erklären wir später anhand eines Beispiels noch ausführlich. In diesem Abschnitt geht es um eine **wichtige Technik**, ohne der du dich eher nicht in die Konfrontation mit deiner Angst wagen solltest.

Was Angst mit einem macht, wissen Betroffene leider nur zu gut. **Sie lähmt, sie lässt uns erstarren.** Wir können nicht mehr angemessen auf Herausforderungen reagieren und sind den Umständen, in denen wir uns gerade befinden quasi schutzlos ausgeliefert. Genau hier soll dieser Abschnitt ansetzen. Es geht darum, **sich selbst durch Entspannungsübungen und/oder Atemtechniken aus der Situation herauszunehmen** und wieder einen klaren Gedanken zu fassen. Denn nur wer klar im Kopf ist, kann auf eine (vermeintliche) Bedrohungslage angemessen reagieren.

Die Basis: Bauchatmung

Bei ausnahmslos allen Atemübungen steht immer die sogenannte „tiefe Atmung" im Zentrum. Hinter diesem Ausdruck versteckt sich nichts anderes als eine **Bauchatmung.** Üblicherweise atmen wir nur in den „oberen" Bereich unserer Lungen, also in den Brustbereich. Bei der Bauchatmung nutzen wir nun das komplette Lungenvolumen. Dadurch **erhöht sich automatisch die Sauerstoffaufnahme pro Atemzug** – das Herz muss weniger oft schlagen, der **Puls sinkt, wir beruhigen uns.**

Du hast noch nie bewusst die Bauchatmung praktiziert? Keine Sorge, das ist keine Raketenwissenschaft. Anfänger gehen am besten folgendermaßen vor:

- Lege dich auf den Rücken (und achte darauf, dass du es bequem hast).
- Konzentriere dich auf deine Atmung.
- Atme bewusst in den Bauch hinein und sorge dafür, dass sich deine Bauchdecke dabei wölbt.
- Um diesen Effekt besser zu visualisieren, kannst du die Hände auf deinen Bauch legen.
- Beobachte, wie sich die Bauchdecke beim Ausatmen wieder senkt.
- Wiederhole das Ein- und Ausatmen zehn Mal.

Versuche, **bei jeder Wiederholung mehr Luft in deinen Bauch zu bekommen** und **gleichzeitig deine Atemfrequenz zu drosseln.**

Übrigens: Um die Bauchatmung zu üben, musst du nicht zwangsläufig auf dem Rücken liegen. Du kannst auch immer wieder zwischendurch ein paar bewusste Atemzüge einstreuen – im Büro, in der Schule, in der Straßenbahn, im Auto.

Nachdem nun die Grundlagen geklärt sind, möchten wir dir **drei Atemübungen** vorstellen, die du problemlos und **einfach in deinen Alltag integrieren** und dir somit ohne viel Aufwand aneignen kannst. Sie sollen dir helfen, in Angstsituationen die Kontrolle wieder zurückzuerlangen.

Atmen mit Worten:

Panikattacken, wie sie unter anderem für die Höhenangst typisch sind, sind durch eine **negative Gedankenspirale** gekennzeichnet. Eine Befürchtung triggert unzählige andere Ängste – und schon befindet man sich einem **Strudel der Negativität** aus dem man nicht mehr herausfindet.

Diese Atemübung soll dabei helfen diese Spirale zu durchbrechen, indem man die negativen Gedanken durch ein einziges Wort ersetzt und dies mit der Atmung koppelt.

- **Atme zunächst tief durch die Nase** ein und versuche dabei **so langsam wie möglich zu atmen.** Wichtig: Du musst dich dabei noch wohlfühlen, die verlangsamte Aufnahme darf keine Qual sein.

- Atme nun wieder durch die Nase aus und konzentriere dich dabei auf das Wort „**Ruhe**". Sage es innerlich oder sprich es (für dich) hörbar aus.

Anders als bei anderen Atemübungen denkst du hier also nicht an „nichts", sondern **versuchst gezielt Negatives mit Positivem zu ersetzen.**

Diese Übung ist perfekt zur Beruhigung geeignet. Natürlich kannst du **auch ein anderes Wort verwenden.** Es sollte aber auf jeden Fall mit Entspannung und Gelöstheit in Verbindung gebracht werden können.

Die 4-7-8-Atmung:

In Extremsituationen – wie sie Panikattacken nun mal sind – atmen wir nicht normal. Die **Atmung wird schneller und flacher.** Das belastet unser vegetatives Nervensystem was wiederum in u. a. einem **gesteigerten Schwindelgefühl** mündet.

Deshalb ist es wichtig, wieder Regelmäßigkeit in unsere Atmung zu bekommen. Am besten funktioniert das mit der **sog. 4-7-8-Atmung.**

Die Umsetzung ist ganz einfach:

- Atme vier Sekunden tief durch die Nase ein.
- Halte die Luft dann für sieben Sekunden an.
- Atme danach acht Sekunden durch den Mund aus.
- Beginn wieder von vorne.
- Wiederhole den Ablauf mindestens vier Mal.

Diese Übung **bringt Ruhe und Gleichmäßigkeit zurück in den Atemvorgang.** Das hat Auswirkungen auf die wichtigsten Nervenzentren im Körper. Die senden **Signale zur Entspannung,** der Organismus fährt runter, nähert sich dem Normalzustand an.

Langes Ausatmen:

Hier liegt der Fokus auf dem Ausatmen, das bewusst in die Länge gezogen wird. Die Idee: In einer **Paniksituation** braucht der Körper **mehr Sauerstoff**. Den versucht er über eine beschleunigte Atmung zu bekommen. Dabei ist es unausweichlich, dass das Einatmen länger dauert als das Ausatmen. Die Verschiebung dieser Verhältnisse hat direkten Einfluss auf die Abläufe im Körper, unsere Vitalfunktionen werden gepusht, wir gelangen immer mehr in einen Alarmmodus.

Wer hingegen länger aus- als einatmet, bewirkt genau das Gegenteil. Der Organismus beruhigt sich wieder, alle Körperfunktionen werden auf Normalniveau zurückgefahren. Wir entspannen uns.

Vorgehensweise:

- Finde eine aufrechte Position die für dich bequem ist. Ob du dabei stehst oder sitzt, ist egal. Der Rücken muss gerade sein.
- Atme tief durch die Nase in den Bauch ein.
- Halte den Atem kurz an.
- Lass die Luft langsam und gleichmäßig durch die Nase wieder rausströmen. Zähle dabei bis drei. Ganz wichtig: Das Ausatmen soll unbedingt länger dauern als das Einatmen!
- Führe diese Übung mindestens sieben Mal durch. Verlängere dabei die Ausatemdauer jeweils um 1. Zähle im zweiten Durchgang bis vier, danach bis fünf und so weiter. Am Ende sollte das Ausatmen zehn Sekunden/Einheiten lang dauern.

Während du diese Übung durchführst, wirst du bemerken, wie sich dein **Puls beruhigt** und dein Organismus langsam wieder in den Normalzustand zurückkehrt. Natürlich ist eine derartige Atmung kein Allheilmittel.

Wer diese (oder eine andere) Technik beherrscht, der hat allerdings eine **mächtige Waffe im Kampf gegen seine Höhenangst.**

*Apropos beherrschen: Wie bei allen anderen Techniken ist es auch hier **wichtig zu üben**. Damit du die drei vorgestellten Praktiken im Ernstfall einsetzen kannst, ohne lange überlegen zu müssen.*

Die regelmäßige Anwendung und Übung dieser Atemtechniken kann nicht nur deine Fähigkeit verbessern, in stressigen Situationen ruhig zu bleiben, sondern auch dein Selbstvertrauen stärken. Indem du lernst, deine Atmung zu kontrollieren, gewinnst du mehr Kontrolle über deine Angst.

GLEICHGEWICHTSÜBUNGEN

Bei der Vorbereitung auf die Konfrontation mit der Höhenangst gibt es nicht nur eine psychische Komponente. Auch die physische, also die körperliche, spielt eine große Rolle – und beeinflusst auf bestimmte Art und Weise wieder die emotionale Verfassung. **Wenn ich nämlich weiß, dass ich auf mehreren Ebenen gut vorbereitet bin, bleibe ich angesichts der vermeintlichen Gefahrensituation ruhiger und entspannter.** Damit das im Angesicht der Panik auch wirklich funktioniert braucht es Übung und ein gut gefülltes Repertoire an passenden Übungen.

Mit diesen wollen wir dich in diesem Abschnitt versorgen. Wir präsentieren **fünf Gleichgewichtsübungen**, die du ohne großen Aufwand in deinen Alltag integrieren und somit jederzeit an der Verbesserung deiner körperlichen Voraussetzungen für die Überwindung der Akrophobie arbeiten kannst.

<u>Der Zehenspitzenstand:</u>

- Stelle dich zunächst ganz normal hin und hebe dann dein linkes Bein so an, dass dein Oberschenkel im 90°-Winkel nach hinten weg steht.
- Gehe nun mit deinem rechten Fuß auf die Zehenspitzen oder den Fußballen und halte diese Position für drei Sekunden.
- Wippe nun mit der Ferse des rechten Fußes leicht auf und ab – am besten ungefähr zehnmal.
- Wechsle dann das Bein und wiederhole die Übung auf der anderen Seite.

Besonders zu Beginn können Anfänger eventuell noch sehr **mit der Balance zu kämpfen** haben. Sollte das bei dir der Fall sein, halte dich während der Übung an einer Tischkante fest oder strecke die Arme zur Seite aus. Wenn du diese Übung regelmäßig machst, wirst du diese Unterstützungsmaßnahmen früher oder später nicht mehr brauchen.

Der Pendelstand:

- Die Übung beginnt wieder im ganz normalen Stand, die Arme sind zur Seite ausgestreckt.
- Hebe nun das rechte Bein leicht nach vorne an und lasse es wie ein Pendel langsam von rechts nach links und wieder zurück schwingen.
- Achte dabei darauf, dass sich die Hüfte mit der Drehbewegung mit dreht.
- Führe zehn dieser Pendelbewegungen aus (in beide Richtungen) und wechsle dann das Bein.

Je ausladender die Pendelbewegungen sind, **desto mehr Muskelgruppen** werden damit **angesprochen.** Du kannst den Schwierigkeitsgrad erhöhen, wenn du deine Arme ebenfalls mitschwingen lässt.

Der Zeichenfuß:

- Stell dich normal hin, lege die Hände dabei auf die Hüften oder strecke sie zur Seite weg. (Die weggestreckte Variante sorgt für mehr Stabilität.)
- Hebe nun dein linkes Bein leicht nach vorne an.
- Male mit dem Fuß des weggestreckten Beins Figuren, Striche, Kreise etc. in die Luft.

<u>Der Vierfüßlerstand:</u>

- Zur Abwechslung mal keine Grundposition im Stehen, sondern du begibst dich zu Beginn der Übung auf alle Vier. Also auf die Handflächen und auf die Knie.
- Strecke nun den rechten Arm nach vorne und gleichzeitig das linke Bein nach hinten.
- Halte diese Stellung für zehn Sekunden und gehe dann wieder zurück in den Vierfüßlerstand.
- Wechsle nun Arme und Beine – also linker Arm nach vorne, rechtes Bein nach hinten. Wiederhole die Übung auf jeder Seite zehn Mal.

Um dir die ganze Sache etwas angenehmer zu machen, empfehlen wir **als Untergrund einen Teppich oder eine Matte** zu verwenden.

<u>Das Handtuch:</u>

- Nimm dir ein Hand- oder Badetuch und forme der Länge nach eine Rolle daraus. (Je größer das Tuch, desto besser.)
- Lege das zusammengerollte Tuch nun auf den Boden und balancier von einem Ende zum anderen. Wichtig dabei: Keine Schuhe tragen! Socken sind in Ordnung, am besten ist aber barfuß.
- Wiederhole den Balanceakt insgesamt zehn Mal (also fünf Mal in jeder Richtung).

Wer damit keinerlei Probleme (mehr) hat kann den **Schwierigkeitsgrad erhöhen, indem er rückwärts balanciert und/oder die Übung mit geschlossenen Augen versucht.**

Du siehst: Für die Übungen benötigst du **kein Equipment** (vom Hand- bzw. Badetuch mal abgesehen). Du kannst sie überall durchführen und somit immer dann an deinem Gleichgewichtsgefühl arbeiten, wenn du gerade Zeit und Lust hast.

Die regelmäßige Durchführung der Übungen bringt dir wie gesagt zwei Vorteile.

Zum einen verbesserst du deinen **Gleichgewichtssinn** und erzielst merk- bzw. messbare körperliche Verbesserungen.

Zum anderen **stärkst du auch deine Psyche**, weil du weißt, dass du dich bewusst auf eine herausfordernde Situation vorbereitet hast und dank der Übungen das Rüstzeug mitbringst, besser mit deiner Phobie umzugehen.

KONFRONTATIONSTHERAPIE

Sehr gute Chancen zur Überwindung einer Akrophobie bietet die weiter vorne bereits kurz erwähnte Konfrontationstherapie. Oder anders gesagt: **Stell dich deiner Angst!**

Du kannst hier von Anfang an mit voller Kraft vorgehen und mit den höchsten aller Höhen starten (Stichwort **„Flooding"** – dazu später mehr).

Die typische Konfrontationstherapie verläuft allerdings graduell. Das heißt man **beginnt mit einem milden Reiz** und **steigert sich hin zur schwersten Herausforderung** – quasi zum Endboss.

Wie so ein Verlauf aussehen könnte, haben wir für dich in diesem Kapitel dar- und eine Beispiel-Konfrontationstherapie zusammen-gestellt. Das Exempel hat selbstverständlich keinen Anspruch auf Alleingültigkeit, sondern soll als **Inspiration** dienen.

Vielleicht klingt der eine oder andere Schritt für dich auch interessant, vielleicht ist es nur ein einziger. Am Ende dieses Kapitels wirst du einen Überblick darüber haben, wie eine klassische Konfrontationstherapie gegen Höhenangst aussehen kann.

Mit diesem Wissen in der Hinterhand lässt sich dein eigener Weg einfacher und zielgerichteter beschreiten.

1. Phase: Das Herantasten

Zunächst ist es einmal wichtig, deine **persönlichen Grenzen zu bestimmen**. Bis zu welcher Höhe fühlst du dich noch wohl? Ab wann kommt ein leichtes Unbehagen auf? An welchem Punkt wird es zur Tortur? Diese Fragen lassen sich am besten durch mehrere **Versuche in den eigenen vier Wänden** beantworten. Das Setting hat den Vorteil, dass du deine **vertraute Umgebung nicht verlassen** musst und du keine Blicke von Passanten fürchten muss. Die **Nervosität bleibt auf einem möglichst niedrigen Level** – was im Zusammenhang mit Phobien und Angststörungen immer eine gute Idee ist. Je nervöser du bist, desto intensiver fühlst du nämlich die jeweiligen Symptome. Wie könnte dieses Herantasten nun konkret aussehen? In deinem Zuhause gibt es unzählige Dinge, auf die du raufsteigen kannst.

- Der Klassiker wäre natürlich eine **Leiter**. Dank ihrer **Sprossen** liefert sie nämlich gleich eine **Skala** mit. „Gestern war ich auf der zweiten Sprosse. Das fühlte sich eigentlich ganz ok an. Schaffe ich es heute auf die dritte Sprosse?" Du kannst deine **Fortschritte systematisch erfassen** und übersichtlich aufbereiten. Gegen die Leiter spricht, dass sie **durch ihre Größe in besonders schweren Fällen der Akrophobie bereits Nervosität hervorruft**. Immerhin befindet sich die letzte Sprosse bei vielen Menschen auf Augenhöhe oder sogar darüber. Allein der Gedanke daran, irgendwann einmal ganz oben zu stehen, lässt viele Betroffene erstarren.

- Wer mit derartigen Problemen zu kämpfen (oder keine Leiter) hat, kann es mit **Einrichtungsgegenständen** versuchen. In jedem Zuhause findet man eine **Couch** oder zumindest **Stühle**. Die bringen zwar keine Skala mit, könnten aus psychologischer Sicht aber einfacher zu „besteigen" sein. Während man mit einer Leiter immer den Weg nach ganz weit oben verbindet, sind Couch, Stuhl und Co. in unseren Köpfen Dinge, auf denen man sitzt und es sich gemütlich macht. Anders als bei der Leiter haben wir es hier nicht mit einem Sinnbild für Höhe und somit Höhenangst zu tun, eine **emotionale Aufladung existiert nicht**.

Wer also klein anfangen muss bzw. will, kann sich in den eigenen vier Wänden immer wieder der Herausforderung der Höhe stellen. Rauf auf die Couch, runter von der Couch. Rauf auf den Stuhl, runter vom Stuhl. Rauf auf die erste, die zweite, die dritte Sprosse...

Wichtig ist – und das gilt für alle weiteren Schritte ebenfalls – **nicht abzubrechen, wenn sich die Akrophobie meldet.** Jetzt heißt es, **Zähne zusammenbeißen und weiterfighten!** Genau jetzt lernt dein Gehirn nämlich, dass es in derartigen Situationen keine Angst zu haben braucht, weil eben nichts passieren wird. Die **Reaktion auf konkrete Reize wird umprogrammiert.** Sobald eine geringe Höhe kein Problem mehr für dich darstellt, kannst du den nächsten Schritt wagen. Und der führt dich weiter hinauf...

2. Schritt: Raus aus der Komfortzone

Hast du dich an die minimalen Höhen in deinem Zuhause gewöhnt, dann wird es Zeit, die **eigenen vier Wände hinter sich zu lassen** und in der Welt da **draußen nach neuen Herausforderungen zu suchen.** Und davon gibt es im Grunde unendlich viele. Sei es der kleine Hügel am Stadtrand, die Boulderhalle in deiner Gegend oder das Treppenhaus mit den großen Glasfenstern.

Du kennst deine Umgebung am besten und weißt genau, welche Orte dir in der Vergangenheit bereits eine veritable Gänsehaut verpasst haben, einfach nur, weil du dran vorbeigelaufen bist und dir das Gefühl der Höhe vorgestellt hast. **Genau diese Orte suchen wir!**

Auch hier gilt: Du **musst es natürlich nicht ganz bis nach oben schaffen.** Durch die Fokussierung auf Settings außerhalb deiner eigentlichen Komfortzone steigerst du aber den Druck auf dich selbst ein wenig. Und ohne Druck geht es einfach nicht! Wer seine Angst überwinden möchte, muss sich ihr stellen. Klar ist das unangenehm, aber eben einfach notwendig.

3. Schritt: Die großen Sprünge

Durch eine graduelle und kontinuierliche Steigerung der Reize **verschiebst du deine Grenzen immer weiter nach oben.** Du wirst mit der Zeit selbst merken, dass etwa das Besteigen einer Leiter oder die Wanderung auf den Hügel am Stadtrand dir keine Probleme mehr bereitet – oder du zumindest so weit Herr der Lage bist, dass dich das Unwohlsein in der Magengegend nicht mehr aus der Bahn wirft und du die Kontrolle über die Situation und dich selbst nicht mehr aus der Hand gibst.

Hier ist es besonders wichtig, **auf deine innere Stimme zu hören.** „Bin ich schon bereit?" „Kann ich mich dieser Herausforderung wirklich schon stellen?" Und hier besonders wichtig: Auf keinen Fall allein an die Sache herangehen! **Hab immer einen Support an deiner Seite!** Diese Unterstützer solltest du übrigens an die Art der Herausforderung anpassen.

Was damit gemeint ist, lässt sich anhand zweier Beispiele ganz einfach erklären.

- **Aussichtsplattform eines hohen Gebäudes:** Derartige Plattformen sind meist ein Anziehungspunkt für Touristen. **Entsprechend gut ist die Umgebung gesichert.** Ein Lift bringt die Besucher in Sekundenschnelle auf die angestrebte Etage und wieder zurück nach unten. Hier haben wir es mit einer Umgebung zu tun, die **weitgehend frei von Gefahren** gemacht wurde. Alles ist überwacht und geregelt, der Komfort der Besucher steht im Vordergrund. Dein Support muss also über keine besonderen Kenntnisse oder Fähigkeiten verfügen.

- **Hoher Berg:** Ganz anders sieht die Sache aus, wenn du deine Höhenangst mit einer **Bergwanderung** bekämpfen möchtest. Zwar sind die Wanderwege in Deutschland gut ausgebaut und ebenso gut betreut, mit der kontrollierten Umgebung eines Gebäudes bzw. eine Bauwerks lässt sich das allerdings nicht vergleichen. Es ist daher wichtig, hier auf die **Unterstützung erfahrener Outdoor-Enthusiasten** zu setzen. Sie sollten wissen, wie man sich in jenen Situationen verhält die typisch für einen Ausflug in die Berge sein können (rasch wechselndes Wetter, Gewitter, Temperatursturz etc.).

Die wichtigste Regel im Zusammenhang mit deiner selbstgebastelten Konfrontationstherapie ist: **Fordere dich heraus, aber überfordere dich nicht!** Setz dich nicht mit zu schwierigen Aufgaben unter Druck, sonst erreichst du Ende genau das Gegenteil davon, was du eigentlich erreichen möchtest. Die Erfahrung war so negativ und frustrierend, dass die Akrophobie eher gefestigt wird als abgebaut.

Ebenfalls besonders wichtig ist im Vorfeld deiner Versuche ausführlich mit deinen Begleitern zu sprechen:

- Wie sollen sie sich verhalten, wenn du eine Panikattacke bekommst?
- Welche Ziele willst du heute erreichen?
- Wie genau sehen ihre Aufgaben aus?
- Was erwartest du von ihnen?
- Sollen sie dich während der Übungen pushen oder sich mit Anweisungen zurückhalten?

Erst wenn all diese Dinge geklärt sind, solltest du dich deinen Aufgaben widmen.

Der hier dargestellte Ablauf einer selbst durchgeführten Konfrontationstherapie ist **nur eines von unzähligen Beispielen**, wie du dich deiner Höhenangst nähern und sie Schritt für Schritt überwinden kannst.

In der Praxis gibt es natürlich die Möglichkeit, **weitere Zwischenlevels hinzufügen** oder **gewisse Punkte auch einfach auszulassen**.

Wichtig ist, **dass du dich wohlfühlst und die Intensität der Reize nach und nach steigerst**. Dann schaffst du es mit sehr hoher Wahrscheinlichkeit auch, die Akrophobie hinter dir zu lassen und dein Leben neu zu genießen!

VIRTUAL REALITY

Der technologische Fortschritt, den wir seit einigen Jahrzehnten miterleben dürfen, ist teils atemberaubend. Während viele der entwickelten Dinge aber keinen direkten Einfluss auf unseren Alltag haben, gibt es auf der anderen Seite sehr wohl Gadgets, Geräte und Programme, die den Weg in die Massenproduktion finden und unser Leben erleichtern.

<u>Zum Beispiel Virtual Reality.</u>

Die VR-Brillen sind längt massentauglich und in bereits in zahlreichen Wohnzimmern zu finden. Und auch in Therapiepraxen. Längst haben sich viele Psychotherapeuten auf den Einsatz dieser Technologie spezialisiert.

Die Vorteile liegen dabei klar auf der Hand:

- **Location:** Um sich seiner Höhenangst zu stellen, müssen Betroffene **nicht mehr die Praxis des Therapeuten verlassen.** Der Aufwand ist geringer, die Privatsphäre bleibt gewahrt.

- **Reproduzierbarkeit:** In der virtuellen Realität lässt sich ein **konkretes Szenario beliebig oft wiederholen.** Ein Knopfdruck genügt und der ganze Ablauf beginnt von vorne.

- **Anpassbarkeit:** Wer sich in der Realität seiner Höhenangst stellt, ist eben dieser Realität quasi „ausgeliefert". Wie stark an diesem Tag etwa der Wind weht, kann kein Therapeut der Welt beeinflussen. Die Virtual Reality bietet hingegen **zahlreiche Anpassungsmöglichkeiten.** Mehr oder weniger Wind? Kein Problem! Weiter nach oben oder doch wieder zurück nach unten? In Sekundenschnelle erledigt. Mehr oder weniger Menschen? Alles per Tastendruck anpassbar. Das heißt, das reizauslösende Szenario lässt sich exakt an die Bedürfnisse und Fortschritte jedes einzelnen Patienten anpassen. Die **Behandlung wird dadurch deutlich individueller.**

- **Akzeptanz:** Ein weiterer Vorteil der VR-Konfrontation gegenüber der reellen Exposition ist der, dass man sich nicht „tatsächlich" der gefühlt gefährlichen Situation stellen muss. **Es kann nichts passieren.** So können auch jene Patienten zu einer Konfrontationstherapie überredet werden, denen dafür im „real life" noch der Mut fehlt. Die **Hemmschwelle sinkt,** selbst schwere Phobiker lassen sich auf eine VR-Therapie ein.

Dass die Expositionstherapie in der Realität gute Ergebnisse beim Kampf gegen Phobien bringt, ist **wissenschaftlich belegt.** Für die VR-Variante gibt es mittlerweile ähnlich gute Wirkungsnachweise. Die Forschungslage ist dabei besser, als man im ersten Moment vielleicht vermuten würde. Immerhin wird der Einsatz von VR-Technologie in der Expositionstherapie seit über 20 Jahren wissenschaftlich erforscht.

Tatsächlich ist es so, dass **unser Gehirn nicht zwischen realen und virtuellen Reizen unterscheidet**. Virtual Reality gibt uns somit also das Gefühl, wirklich in einer herausfordernden Situation zu sein.

So werden die notwendigen physischen und psychischen Reaktionen ausgelöst, ohne sich tatsächlich in „Gefahr" begeben zu müssen.

Anders als bei reinen Video-Reizen gibt die Virtual Reality Betroffenen die Möglichkeit, voll und ganz in eine Situation einzutauchen und mit ihrer Umgebung bis zu einem gewissen Grad zu interagieren. Man fühlt sich als Teil des Ganzen und nicht nur als stiller Beobachter.

VR-Therapie nur beim Experten?

Für den Otto-Normal-Verbraucher war Virtual-Reality-Technologie lange Zeit praktisch unerschwinglich. Wer davon profitieren wollte, musste sich an den Experten wenden. Mittlerweile haben die **VR-Brillen aber Einzug in die Wohnzimmer** der Republik gehalten. Wer über die notwendigen finanziellen Mittel verfügt kann sich das passende Spiel holen und auch in den eigenen vier Wänden etwas gegen seine Höhenangst machen. **Virtuelle Hilfsmittel für echte Selbsthilfe!**

Extremform der Exposition: Was ist Flooding?

Der vorgestellte Ansatz der Konfrontationstherapie ist ein gradueller. Das heißt, dass die **Belastung Schritt für Schritt erhöht** wird und sich der Betroffene **langsam an immer extremere Reize gewöhnen** kann. Er wird behutsam an die Phobie herangeführt um sie am Ende, im Idealfall, komplett zu überwinden. Das braucht Zeit.

Es gibt allerdings auch einen direkteren, dafür aber **deutlich extremeren Weg** ans Ziel. Beim sogenannten „Flooding" handelt es sich im Grunde um nichts anderes als eine **Überflutung mit Reizen.**

In diesem Fall ist der erste Schritt nicht jener auf die erste Sprosse einer Leiter, sondern direkt die Fahrt mit dem Lift auf die Aussichtsplattform eines hohen Turms. Der Betroffene wird **mit angstauslösenden Reizen regelrecht bombardiert** und bewusst in eine Situation gebracht, die für ihn im Grunde der absolute Horror ist.

Die praktische Umsetzung von Flooding bringt allerdings einige Herausforderungen mit sich:

- Viele Akro- und andere Phobiker zeigen sich **nicht kooperativ,** wenn es um Flooding geht. Und das kommt wenig überraschend. Welcher Angstpatient will sich schon freiwillig einer für ihn bedrohlichen Situation aussetzen?

- Zudem ist eine **eingehende theoretische Auseinander-setzung mit dem Ansatz enorm wichtig**. Der Therapiehelfer (oder im professionellen Umfeld der Therapeut) müssen **genau erklären was auf den Betroffenen wartet** und welche Vorteile diese Herangehensweise konkret mit sich bringt. Ein Grund, weshalb Flooding immer nur von extra dafür ausgebildeten Fachleuten durchgeführt werden sollte.

- Betroffene müssen sich für eine Flooding-Behandlung in einwandfreiem körperlichem Zustand befinden. Sollten etwa Erkrankungen des Herz-Kreislauf-Systems vorliegen darf eine derart extreme Konfrontationstherapie auf keinen Fall durchgeführt werden. Gleiches gilt für Patienten, die im Laufe ihrer Krankheitsgeschichte bereits psychotische Phasen durchlebt haben. Die Risiken sind in beiden Fällen viel zu groß!

Flooding ist dabei **kein neuer Ansatz**. Tatsächlich gehört die Behandlung seit vielen Jahren zum Repertoire von Psycho- und Verhaltenstherapeuten. Entsprechend **gut und umfassend erforscht** ist ihre Wirksamkeit. Internationale Langzeituntersuchungen bescheinigen ihr eine **durchschnittliche Erfolgsquote zwischen 60 und 80 %**. Haben die Betroffenen eine umfassende und gute Aufklärung erhalten, liegt die Ablehnungsquote lediglich bei 10 bis 20 %.

Im direkten Vergleich mit graduellen Ansätzen **schlägt sich Flooding speziell bei schweren Phobien und Zwängen besser**.

Die Methode hat unter anderem den Vorteil, dass der Betroffene aktiv mitarbeiten und im Allgemeinen relativ **wenig Zeit aufgewendet werden muss.** Der Patient profitiert von der im Vorfeld durchgeführten Vermittlung von **Bewältigungsstrategien** (Atemtechniken, Entspannungsübungen etc.) und bekommt die Möglichkeit, sich unter Aufsicht und somit unter kontrollierten Bedingungen seinen schlimmsten Ängsten zu stellen. Er lernt dabei quasi im Ernstfall, mit seiner Akrophobie (oder anderen Phobien) umzugehen.

Nochmal: Flooding sollte auf jeden Fall AUSNAHMSLOS **und IMMER unter professioneller Aufsicht** angewendet werden. Nur ausgebildete Therapeuten können mit den eventuell auftretenden Dynamiken umgehen und sie lenken. Laien stehen im Fall der Fälle garantiert auf verlorenem Posten!

Der Kampf gegen eine Phobie ist nichts, was sich einfach so im Vorbeigehen gewinnen lässt. Du brauchst einen **guten Plan, Durchhaltevermögen** und **Unterstützung.** Lerne deine Angst kennen! Eigne dir Entspannungs- und Atemtechniken an, die du im Notfall einsetzen kannst. **Trainiere deinen Gleichgewichtssinn** und begib dich auf **Konfrontationskurs** mit deiner Höhenagst.

Bleib dabei **offen für neue Ansätze** und verlange nicht zu viel von dir selbst. Der Weg raus aus der Höhenangst ist ein langer, der sich nur Schritt für Schritt meistern lässt!

FÜNF VERHALTENSTIPPS FÜR DEN NOTFALL

Weiter vorne haben wir bereits ausgeführt welch positiven Einfluss eine gute Vorbereitung auf den Umgang mit der eigenen Akrophobie hat. Besonders wichtig ist allerdings auch, zu **wissen, was im Ernstfall zu tun ist.** Trotz aller Bemühungen meldet sich die Höhenangst doch?

Wir zeigen dir in diesem Abschnitt, wie du die Kontrolle wiedergewinnst und dich aus der drohenden Panikspirale herausholst – fünf hilfreiche Verhaltenstipps:

Tipp 1: Hinsetzen

Angstattacken machen sich durch eine lange Liste an körperlichen Symptomen bemerkbar. Dazu zählt auch **Schwindel.** Haben Akrophobiker ohnehin bereits mit einem Schwindelgefühl zu kämpfen, verstärkt sich dieses durch die Panik nochmals.

In solchen Situationen ist es ratsam, sich nach Möglichkeit hinzusetzen. Das entlastet nicht nur die bereits wackligen Beine, durch die vergrößerte Auflagefläche bekommen Betroffene ein gesteigertes Sicherheitsgefühl und der Körperschwerpunkt verlagert sich nach unten – was wiederum förderlich für das Stabilitäts- und Gleichgewichtsgefühl ist.

Tipp 2: Fokussierung

Wie weiter vorne bereits kurz angeführt spielen fehlende Fokuspunkte eine immens wichtige Rolle beim Entstehen von Schwindelgefühlen. In großen Höhen fehlen diese Punkte. Es gibt nichts in unserer unmittelbaren Umgebung, worauf wir unsere Augen heften könnten. Genau das wäre aber nötig, um unserem Gehirn Stabilität zu vermitteln und unseren Organismus aus dem Alarmmodus zu bringen.

Richte deinen Blick also auf Dinge in deiner Nähe, sieh deinen **Fußspitzen** an, studiere einen **auffälligen Stein** neben dir eingehend. Sieh auf keinen Fall in die Ferne und schon gar nicht in den Abgrund!

Tipp 3: Atmung

Wird unser Körper in Alarmbereitschaft versetzt, ändern sich viele Abläufe automatisch. Dazu zählt auch die Atmung. Wir **atmen automatisch flacher und unregelmäßiger.** Das hat negative Auswirkungen auf unser vegetatives Nervensystem, was wiederum das Schwindelgefühl und somit die akuten Symptome der Höhenangst verstärken kann. Jetzt ist der Augenblick gekommen, die weiter vorne im Buch **vorgestellten Atemübungen durchzuführen.**

Eine ruhige, regelmäßige Atmung hat positiven Einfluss auf den gesamten Organismus und hilft im Akutfall dabei die Paniksymptome nicht nur abzumildern, sondern sie komplett verschwinden zu lassen. **Die Angst einfach wegatmen!**

Tipp 4: Ablenkung

Leichter gesagt als getan, klar. Ändert aber nichts an der Wichtigkeit. Das **Smartphone** ist mittlerweile beim überwiegenden Großteil der Bevölkerung ein permanenter Begleiter. Nichts einfacher also, als dank der **Lieblingsband** kurz aus der angespannten Situation zu fliehen. Das ist allerdings nicht die einzige funktionierende Ablenkung. Es ist deshalb hilfreich, sich einige Optionen zusammenzustellen.

Tipp 5: Verständnis

Oft haben Betroffene mit Höhenangst zu kämpfen, wenn sie gerade mit anderen Menschen unterwegs sind. Etwa bei einer Wanderung oder während man die Aussichtsplattform einer Sehenswürdigkeit in einer fremden Stadt erklimmt. Sollte es hier zu einer Panikattacke kommen, ist das nicht nur für den Betroffenen selbst eine Ausnahmesituation, sondern auch für seine Begleitung. Es ist deshalb mehr als ratsam, die Wander- bzw. Reisegruppe **im Vorfeld bereits über deine Höhenangst zu informieren** und **festzulegen, wie sich die anderen im Fall der Fälle verhalten sollen.**

Manche Angstpatienten profitieren von gutem Zureden, andere stressen die gut gemeinten Tipps von Außenstehenden hingegen noch mehr. Dadurch erhältst du ein zusätzliches Sicherheitsnetz. Du weißt, dass die Menschen um dich in einer brenzligen Situation so reagieren werden, wie es für dich in diesem Moment am besten ist.

FAZIT UND MOTIVATION

Die Höhenangst zählt nicht nur zu den am weitesten verbreiteten Ängsten in Deutschland, sondern auch zu den sogenannten spezifischen Phobien bzw. den anerkannten Angststörungen.

Ursachen und Behandlungen sind entsprechend gut erforscht, mit dem richtigen Ansatz ist die Chance hoch, die Akrophobie hinter sich zu lassen und in ein neues Leben mit unzähligen neuen Möglichkeiten zu starten.

Bei der **Selbsthilfe gegen Höhenangst** dreht sich sehr viel um die **richtige Vorbereitung** für die nächste mögliche Triggersituation. Am besten gelingt das durch **unablässiges Üben! Üben, üben und nochmals üben!**

Eigne dir **Entspannungstechniken** an, **trainiere deinen Gleichgewichtssinn** und gib nicht klein bei, wenn die Angst sich meldet! Du überwindest deine Akrophobie nur dann, wenn du dich ihr stellst, sie also **konfrontierst!**

Sollte die Selbsthilfe nicht erfolgreich sein, musst du keineswegs verzagen. Das entsprechende **Therapieangebot von Expertenseite ist sehr breit.**

Du bist also kein hoffnungsloser Fall, wenn es im ersten Versuch nicht klappt und du dir vielleicht zu viel zumutest.

Nimm dir die Ratschläge, Ideen und Tipps aus diesem Buch zu Herzen und versuche, sie umzusetzen. Deine Reise zur Überwindung der Höhenangst kann schrittweise erfolgen, ähnlich wie das Erklimmen eines Berges. Selbst die kleinsten Schritte, die du unternimmst, zählen und führen dich näher an dein Ziel. Mit jeder Anwendung der vorgestellten Atemtechniken und jeder bewussten Konfrontation mit deiner Angst baust du Selbstvertrauen auf und festigst deinen Mut.

Denke daran, dass die Reise zur Überwindung der Höhenangst einem Pfad bergauf gleicht: Mit Ausdauer, Geduld und den richtigen Techniken kannst du Jahr für Jahr, Berg für Berg, deine Angst Stück für Stück reduzieren.

Dieses Buch ist voller nützlicher Techniken und Strategien, die dir dabei helfen sollen, unabhängig und mit Eigeninitiative gegen deine Höhenangst anzugehen. Jeder kleine Erfolg auf diesem Weg ist ein großer Sieg über die Angst, der dir die Kraft gibt, weitere Herausforderungen anzunehmen.

Nimm dir die Ratschläge, Ideen und Tipps aus diesem Buch zu Herzen und versuche, sie umzusetzen. Klappt es, ist das schön! Brauchst du allerdings **noch weiteren Support**, wende dich an einen **Experten**. Denn in Wahrheit spricht auch nichts gegen eine **Kombination von Fremd- und Selbsthilfe.** Der kann dich in die richtige Richtung weisen, den Weg gehen musst du allerdings selbst. Wir hoffen, dieses Buch wird dich auf dieser Reise unterstützen!